2

Wochenplan Mathematik

Schülerleitfaden

Erarbeitet von
Anja Bever
Heidrun Engel
Irina Mohr

Unter Beratung von
Monika Belke
Katrin Berlage
Angelika Hesse
Kerstin Kebben
Nicole Kenter
Gustav-Adolf Lörcher
Andrea Nutt-Cyrkel
Mechthild Spiekermann
Brigitte Spindeler
Uta Stricker
Christiane Winnewisser

Ernst Klett Verlag
Stuttgart • Leipzig

Zum Wochenplan Mathematik 2 gehören:

Lehrerleitfaden 2 .... Klett-Nr. 280200

Arbeitskarten 1/2 .... Klett-Nr. 280141

Basispaket 2 .... Klett-Nr. 280215
(Schülerleitfaden, Übungen Teil A und Teil B, Trainingskurs mit Software)

Basispaket 2 (Verbrauchsmaterial) .... Klett-Nr. 280214
(Übungen Teil A und Teil B, Trainingskurs mit Software)

Themenheftpaket 2 .... Klett-Nr. 280227
(Einmaleinskurs, Sachrechenkurs)

2. Auflage A 2 5 4 3 2 1 | 11 10 09 08 07

Alle Drucke dieser Auflage sind unverändert und können im Unterricht nebeneinander verwendet werden. Die letzte Zahl bezeichnet das Jahr des Druckes.

Internetadresse: www.klett.de

Autorinnen: Anja Bever, Heidrun Engel, Irina Mohr
Redaktion: Dr. Franziska Siebel
Herstellung: Heike Drischmann
Layoutkonzeption: Katy Müller, Leipzig
Illustrationen: Mirella Fortunato, Wiesbaden; Silke Reimers, Mainz; Sabine Wiemers, Düsseldorf; Katrin Wolff, Wiesbaden
Umschlaggestaltung: know-idea GmbH, Uli Weidner, Sonja Schäfer, Freiburg
Titelillustration: Silke Reimers, Mainz
Satz: Satz + Layout Werkstatt Kluth GmbH, Erftstadt
Druck: Wachter GmbH, Bönnigheim

Bildnachweis: Euromünzen und -scheine: © Europäische Zentralbank, Frankfurt

Printed in Germany

ISBN 978-3-12-280211-0

9 783122 802110

Inhalt

Die Zahlen bis 100

1

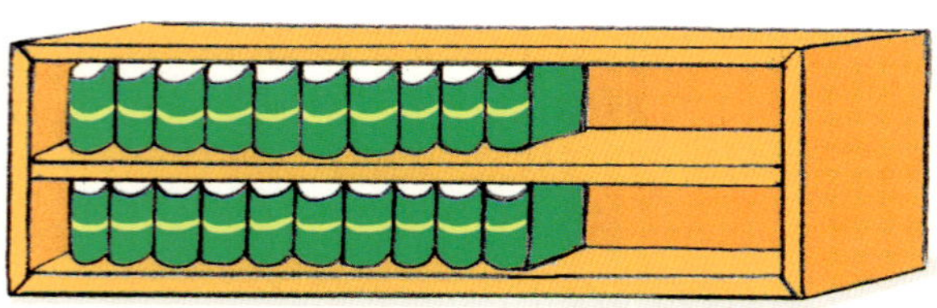

10 + 10 = 20

20 € + 10 € = 30 €

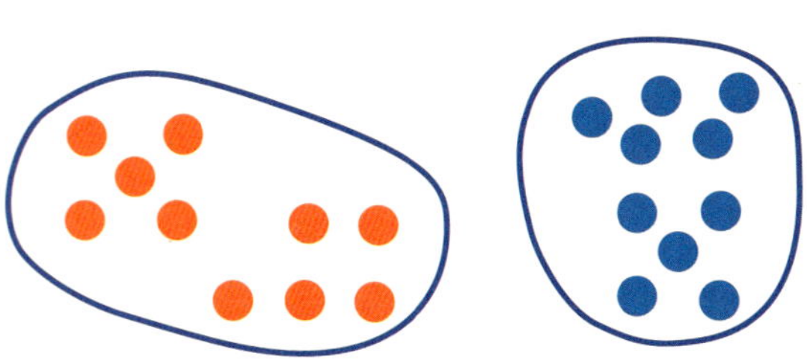

10 + 10 = ▢

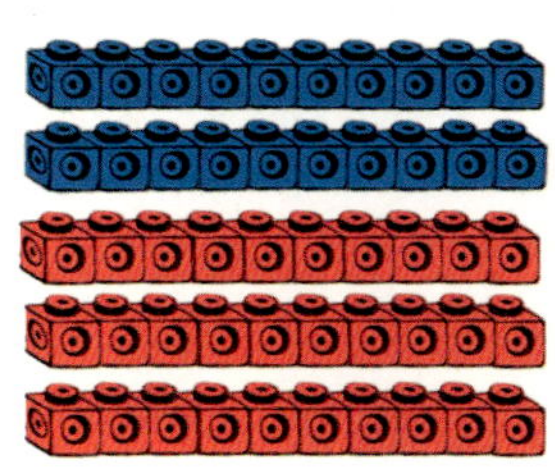

20 + 30 = ▢

Einstieg: Ungeordnete Gegenstände bündeln, zählen und Anzahlen notieren. Unterschiedliche Notationen besprechen.
1 Mit Zehnerzahlen bis 100 rechnen.

1 Geheimschrift

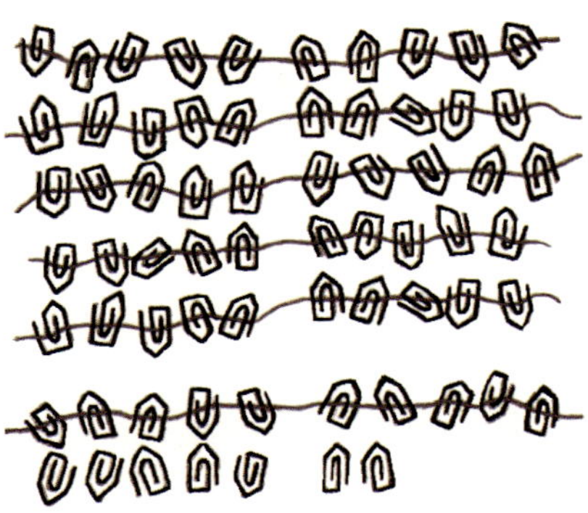

| 6 0 | 7 |

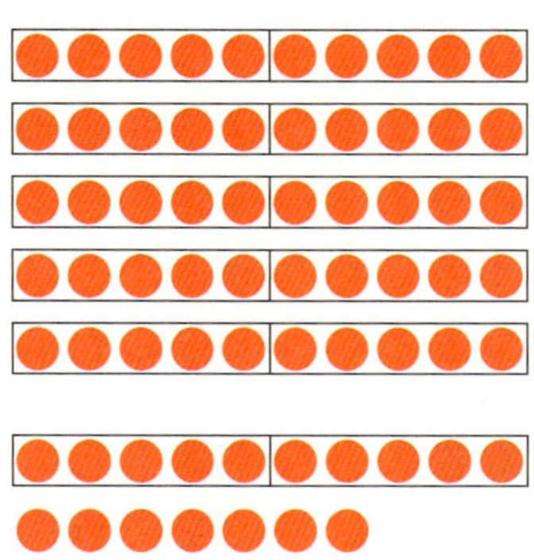

A S. 5 →

1 Zu Zehnern bündeln und Anzahl in Geheimschrift darstellen.
Abschließend: Zahlenausstellung gestalten und gemeinsam besprechen.

1 Schreibe **Z**ehner und **E**iner.

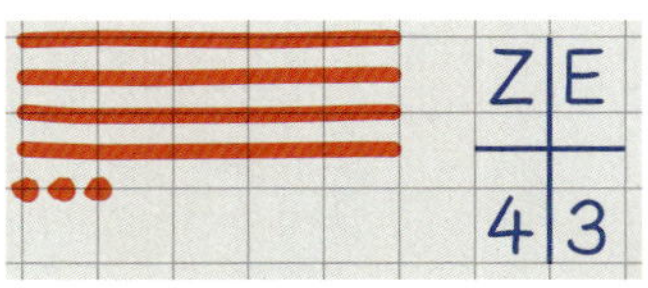

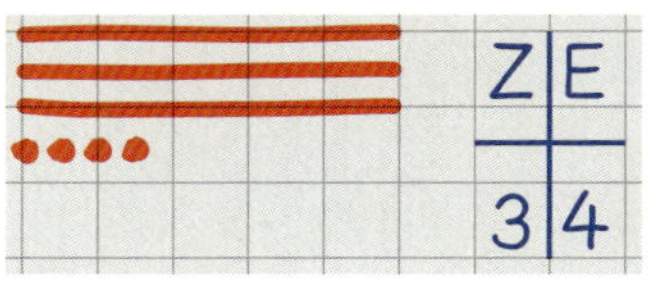

Schreibe ebenso Anzahlen aus dem Bild.

2

Lege, lies und schreibe ebenso: 38 77 83 29 15 91 56

A S.9 →

1 Anzahlen erfassen, dabei auf Zehner achten und in Stellenwerttafeln notieren.
2 Richtige Sprechweise der Zahlen und stellengerechte Schreibweise lernen.

1

A S. 11 →

2 Stelle dir Wege durch den Zoo vor.

A S. 12 →

S. 1 →

Einstieg: Gebäude von allen Seiten betrachten (oder fotografieren) und die verschiedenen Ansichten vergleichen.
1 Ansichten zuordnen.
2 Wegeplan lesen und verschiedene Wege beschreiben (Kopiervorlage).

Das Hunderterfeld

1

2

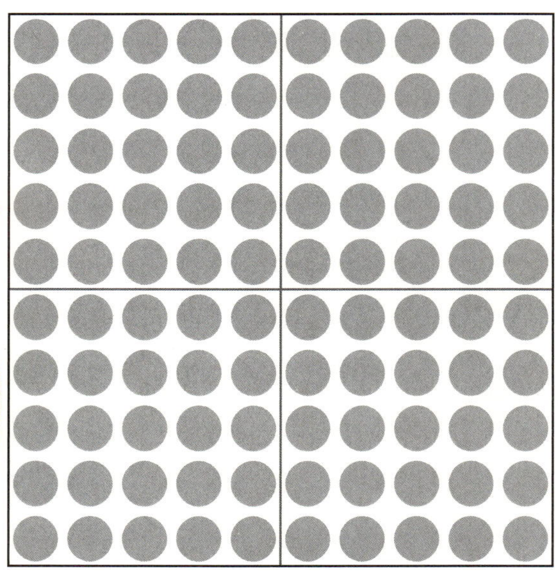

10
20
30
40
50
60
70
80
90
100

A S. 13 →

Zeige ebenso: 70 34 43 86 61 28 97 92 55

Einstieg: Entdeckungen am Hunderterfeld sammeln, vorstellen und vergleichen (Kopiervorlage).
1 Hunderterfeld strukturieren und verschiedene Punktbilder erkennen.
2 Anzahl der Zeilen mit Zehnerzahlen in Verbindung setzen, Zahlen am Hunderterfeld zeigen und nennen.

1

2 Ergänze bis zum Zehner.

24 + ▢ = 30

Ergänze ebenso: 33 45 10 91 56 62 87 9 74 98

A S. 14 →

1 Zehnerzahlen bis 100 ergänzen (Kopiervorlage). Zerlegungen der 100 mit Zerlegungen der 10 vergleichen.
2 Ergänzen bis zur nächsten Zehnerzahl.

Die Hundertertafel

1

2 Starte immer bei 23.

a) 5 Zehner mehr: 5 Felder nach unten. 23 + 50 = 73

b) Zeige ebenso: 2 Zehner weg, 3 Einer dazu, 1 Einer weg.

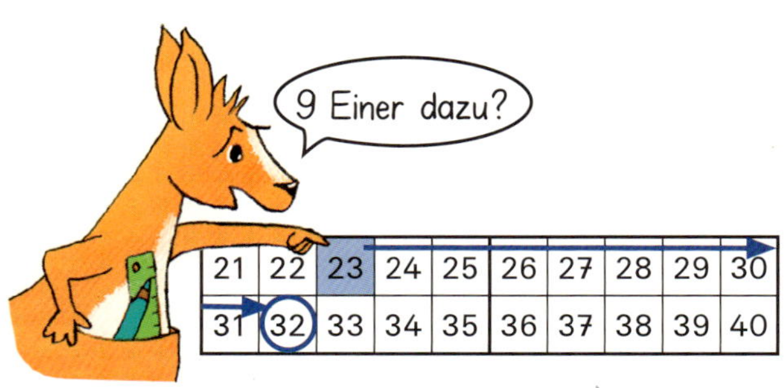

1	2	3	4	5	6	7	8	9	10
11	12	13	14	15	16	17	18	19	20
21	22	23	24	25	26	27	28	29	30
31	32	33	34	35	36	37	38	39	40
41	42	43	44	45	46	47	48	49	50
51	52	53	54	55	56	57	58	59	60
61	62	63	64	65	66	67	68	69	70
71	72	73	74	75	76	77	78	79	80
81	82	83	84	85	86	87	88	89	90
91	92	93	94	95	96	97	98	99	100

A S. 16 →
S. 3 →

Einstieg: Systematischen Aufbau der Hundertertafel entdecken, durch Plättchen verdeckte Zahlen nennen (Kopiervorlage). **1** Aufbau der Hundertertafel. **2** Addition und Subtraktion von Zehnerzahlen und Einern mit Hilfe der Hundertertafel.

1 Springt 5 mal.

4 + 4 + 4 + 4 + 4 = 20
5 · 4 = 20
5 mal 4 ist gleich 20

2 Immer 5 vor

a) Springe 3 mal. 5, 10, 15
3 · 5 = 15

b) 4 · 5 = 20 Wie oft wurde gesprungen?

c) Wie oft springst du bis 25?

Springe 3 mal: Immer 4 vor | Immer 3 vor | Immer 2 vor

A S. 18 →
1·1 S. 1 →

Einstieg: Durch Bewegungsspiel jeweils 5 Zweier-, Dreier-, Vierer- und Fünfersprünge nachvollziehen und Zahlenfolge nennen bzw. notieren. **1** Reihen im Heft notieren. Schreib- und Sprechweise mit Malpunkt einführen. **2** Aufgaben des Einmaleins mit den Zahlen 1 bis 5.

Zahlen zerlegen

1

2 Ergänze bis 100.

65 + 35 = 100

Ergänze ebenso: 35 75 25 95

A S. 20 →

Einstieg: Zehnerzahlen mit Zehnerstreifen oder am Hunderterfeld zerlegen, in Zahlenhäuser eintragen (Kopiervorlage).
1 Zehnerzahlen zerlegen.
2 Zahlen (5, 10, 15, 20, …) bis 100 ergänzen.

1

2 Wie kannst du 1 Euro wechseln?

1 € = 100 ct
1 Euro hat 100 Cent.

A S. 22 →
S. 1 →
S. 5 →

Einstieg: Bankspiel: Verschiedene Geldbeträge mit Rechengeld wechseln.
1 Geldbeträge in möglichst wenig Scheine und Münzen wechseln. 50- und 100-Euroscheine kennenlernen.
2 Verschiedene Möglichkeiten finden, 1 Euro zu wechseln.

Zahlen vergleichen am Zahlenstrahl

1

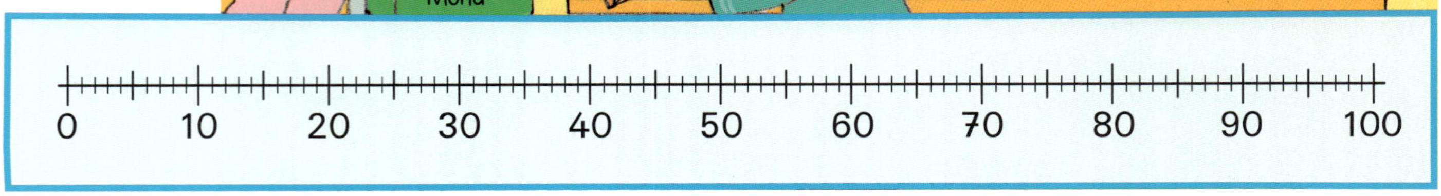

2 Suche Vorgänger (V) und Nachfolger (N).

V		N
30	31	32
45	46	47
49	50	51
78	79	80

Suche Nachbarzehner (NZ).

NZ		NZ
30	31	40
40	46	50
40	50	60
70	79	80

A S. 24 →

Schreibe ebenso Tabellen für: 91 76 58 36 29 12 60

Einstieg: Aufbau des Zahlenstrahls besprechen und Zahlen zeigen, benennen und vergleichen.
1 Zahlen vergleichen. **2** Am Zahlenstrahl Vorgänger und Nachfolger sowie Nachbarzehner einer vorgegebenen Zahl zeigen, benennen und in Tabellen notieren (Kopiervorlage).

1

1 m = 100 cm
1 Meter hat 100 Zentimeter.

2 Miss an deinem Körper.

Daumenbreite:	1 cm
Handspanne:	10 cm
Schrittlänge:	50 cm

3 Zeichne Strecken.

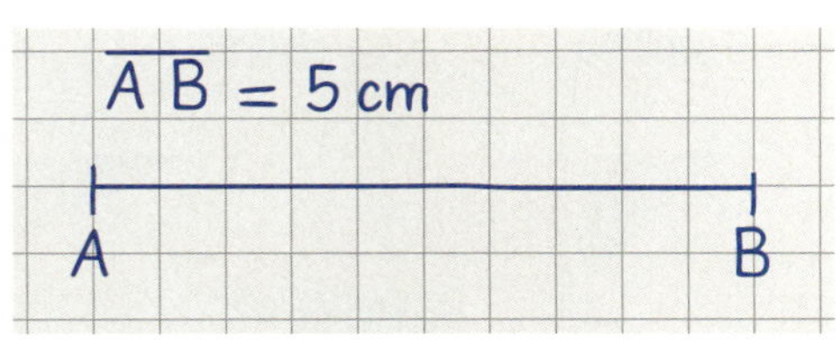

Zeichne ebenso: 4 cm 6 cm 10 cm 7 cm 15 cm

A S. 26 →

Einstieg: Gegenstände im Klassenzimmer messen. **1** Messen in Meter und Zentimeter. Millimeter können am Lineal gezeigt werden. **2** Größenvorstellungen mit Hilfe von Körpermaßen aufbauen. Ein Dezimeter kann als Handspanne gezeigt werden. **3** Vorgegebene Strecken zeichnen.

1

2 Zeichne diese Muster.

A S. 29 →

Einstieg: Aus quadratischen Zetteln Rechtecke und rechtwinklige Dreiecke herstellen, Bandornamente oder Muster in Flächen gestalten. **1** Muster beschreiben.
2 Muster nach Vorlage zeichnen und beschreiben. Zusatz: Muster fortsetzen.

1

2 Vergleiche die Figuren.

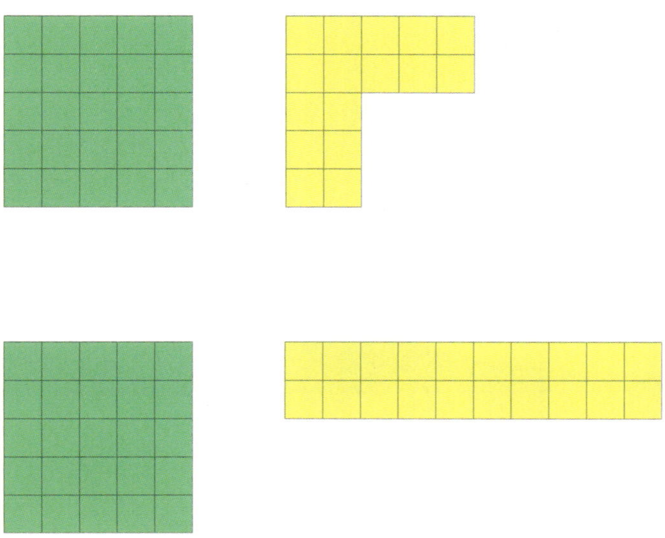

A S. 31 →
S. 7 →

Einstieg: Kunstwerk mit den meisten Mosaiksteinen bestimmen.
1 Kunstwerke herstellen, Anzahl der Mosaiksteine bestimmen.
2 Direkter Flächenvergleich: Zettel durch Übereinanderlegen vergleichen.

Plusaufgaben in Tabellen

1

① Dosen werfen

Name	1. Wurf	2. Wurf	3. Wurf	gesamt
Lina	3	0	6	9
Jannik	5	5	8	18
Josi	9	2	4	15
Sören	4	6	0	10

② Ziel werfen

Name	1. Versuch	2. Versuch	3. Versuch	gesamt
Lina	20	10	10	40
Jannik	10	10	10	
Josi	10	30	0	
Sören	10	20		

A → S. 33

Wer hat die höchste Punktzahl?
Wer hat den besten Wurf geschafft?

1 Spielsituation nachvollziehen, Tabellen verstehen. Fachausdrücke Zeile und Spalte verwenden. Plusaufgaben in Tabellen finden und Punktezahlen kontrollieren.

1

5 + 34 = 39
34 + 5 = 39
Tauschaufgaben haben dasselbe Ergebnis.

2 Nutze die Tauschaufgabe.

8 + 47

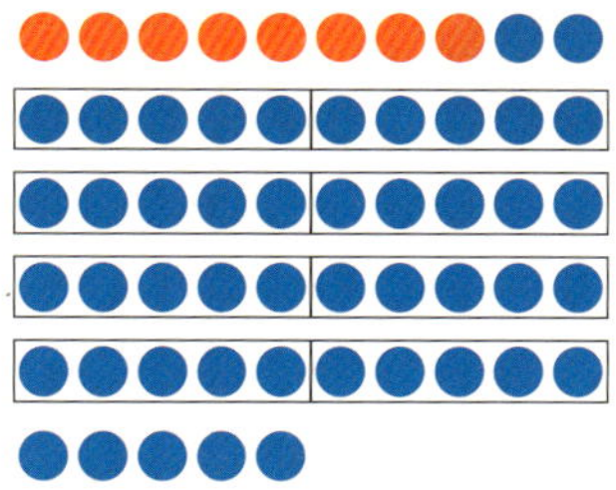

8 + 47 = ▢

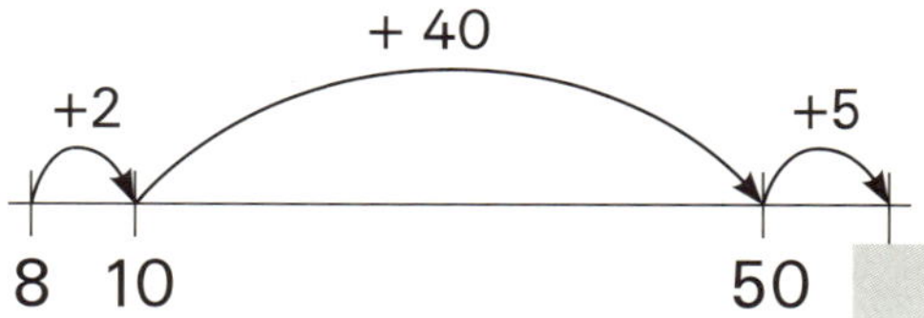

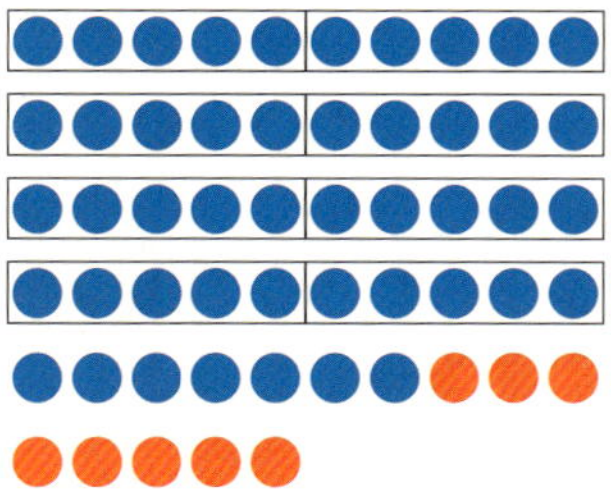

47 + 8 = ▢

A S. 35 →
S. 9 →

Spiegeln

1

2

A S. 37 →

Einstieg: Klecksbilder herstellen, eine Vorlage nachempfinden.

1 Klecksbilder mit Vorlage vergleichen, Symmetrien beschreiben.

2 Gegenstände und Bilder von Mustern mit mehreren Spiegelachsen ausstellen, Exponate vorstellen.

1

2 Verteile gerecht.

32 = ▢ + ▢

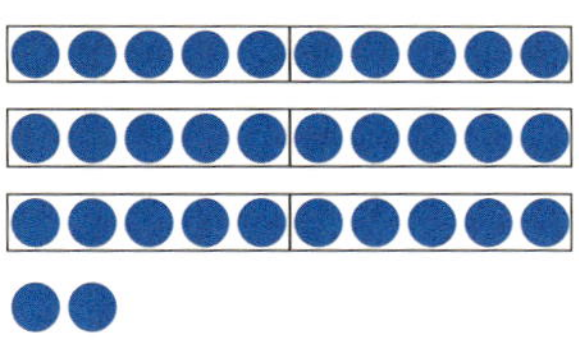

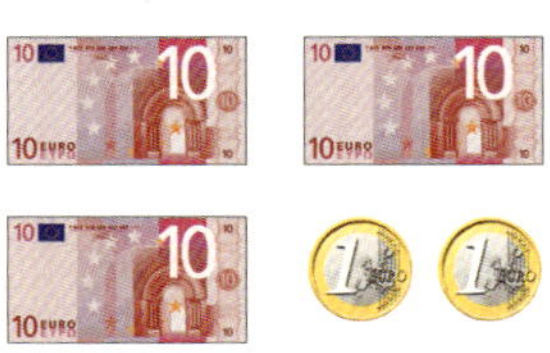

32 = 16 + 16

3 Welche Zahlen kannst du gerecht verteilen?

42 50 34 27 60 32

A S. 39 →
1·1 S. 6 →
S. 12 →

Verschiedene Rechenwege

1 Zuerst die Zehner dazu.

27 + 36

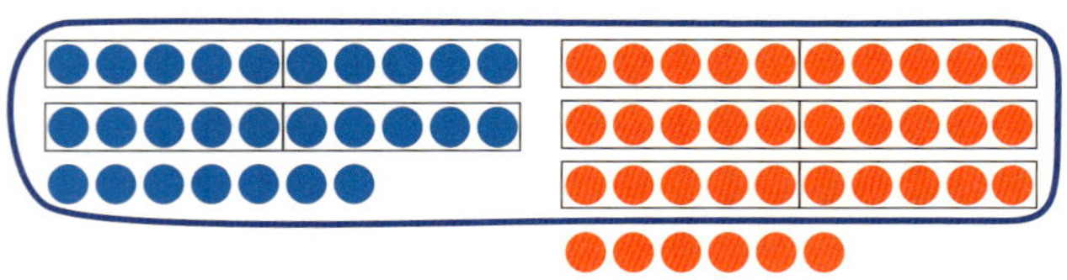

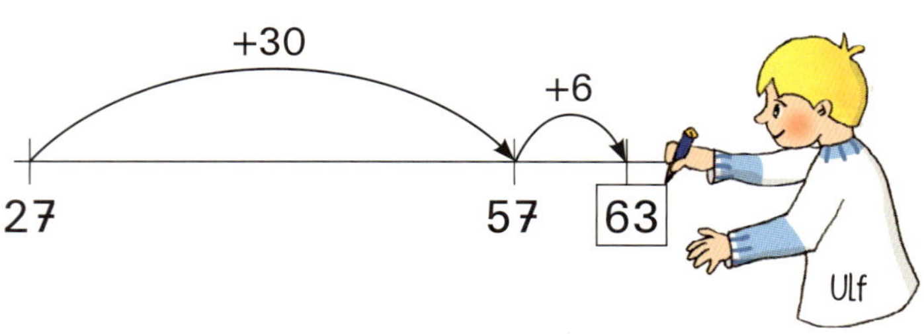

2 Zuerst die Einer dazu.

36 + 57

A → S. 41

Lege und schreibe auf.

Einstieg: In Partnerarbeit vorgegebene Aufgabe lösen, Rechenwege dokumentieren. Rechenkonferenz.
1 Strategie „Zuerst die Zehner dazu" mit Zehnerstreifen und Wendeplättchen, Rechenstrich als Veranschaulichung anbieten. **2** Transfer auf die Strategie „Zuerst die Einer dazu".

1 Zuerst bis zum Zehner.

38 + 23

38 + 2 + 20 + 1 =

2 Zuerst zu weit, also 1 zurück.

24 + 49

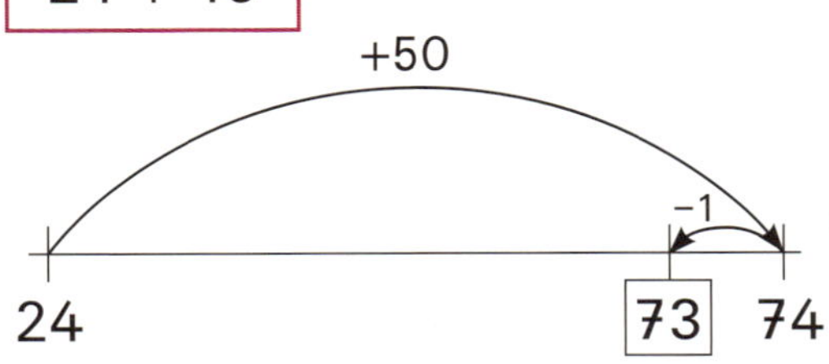

A S. 43 →
S. 13 →

1 Strategie „Zuerst bis zum Zehner“ mit Zehnerstreifen und Wendeplättchen, Rechenstrich kann zur Veranschaulichung genutzt werden. **2** Strategie nachvollziehen.
Abschließend: Rechenkonferenz zu verschiedenen Strategien.

1

A S. 45 →

Ecken
Kanten
Flächen

2 Baue Würfelgebäude nach Plan.

2	3	4
1	2	3

1	3	1
1	3	1

2	3	2
1	0	1

A S. 46 →

Einstieg: Ecken, Kanten und Flächen handelnd begreifen.
1 Begriffe Ecke, Kante und Fläche einführen, Gegenstände untersuchen.
2 Würfelgebäude nach Bauplänen bauen.

1

2 **a)** Untersuche deine Schachtel.
Wie viele Flächen hat deine Schachtel?
Markiere gleiche Flächen mit Punkten in der gleichen Farbe.
Wie viele gleiche Flächen hat deine Schachtel?
Wie viele Kanten hat deine Schachtel?
Wie viele sind gleich lang?

b) Tjorven nimmt nur eine Farbe. Er malt 6 Punkte auf die Flächen.
Welche Form hat seine Schachtel?
Wie viele Kanten hat diese Schachtel?

c) Untersucht noch weitere Schachteln.

A S. 47 →

1 Seitenflächen von Schachteln bekleben: Verschiedene Techniken ausprobieren, erklären und reflektieren.
2 Gleiche Flächen und Kantenlängen erkennen, Entdeckungen sammeln.
Abschließend: Konferenz: Körperflächen vergleichen und Flächen und Kanten geschickt zählen.

1 a) Wie viele Kinder sind in der Klasse 2b?

b) 14 Kinder waren noch nie im Zoo.
Wie viele Kinder waren schon einmal im Zoo?

c) 5 Kinder der Klasse 2a haben eine Sonnenbrille auf.
Wie viele Kinder haben keine Sonnenbrille auf?

d) In beiden Klassen zusammen sind 20 Jungen.
In der Klasse 2a sind 2 Jungen mehr als in der Klasse 2b.
Wie viele Jungen sind in der Klasse 2a?

B S. 50 →

2 Stelle selbst Fragen und beantworte sie.

Einstieg: Bild besprechen. Fragen stellen und beantworten.
1 Mithilfe der Bild- und Textinformation Fragen beantworten, ggf. Skizzen anfertigen.
2 Selbst Fragen formulieren und beantworten, ggf. Skizzen anfertigen.

1

2 Zuerst bis zum Zehner

53 – 8

31 – 7

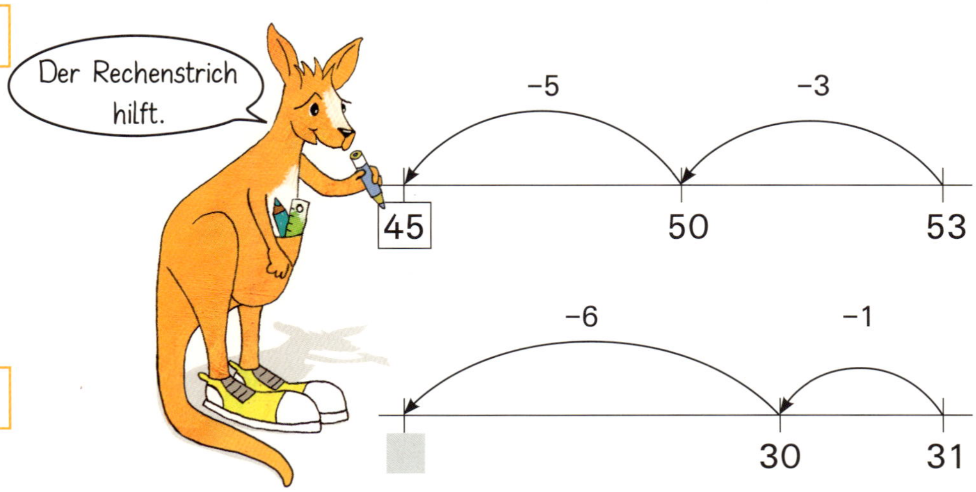

Erkläre, wie hier gerechnet wurde.

B S. 52 →
S. 15 →

Einstieg: Analogieaufgaben nutzen, um schwierige Aufgaben zu vereinfachen.
1 Analogieaufgaben legen, rechnen und erklären.
2 Rechenstrich als Veranschaulichung des Zehnerübergangs nutzen.

Verschiedene Rechenwege

1 Zuerst die Zehner weg.

43 − 27

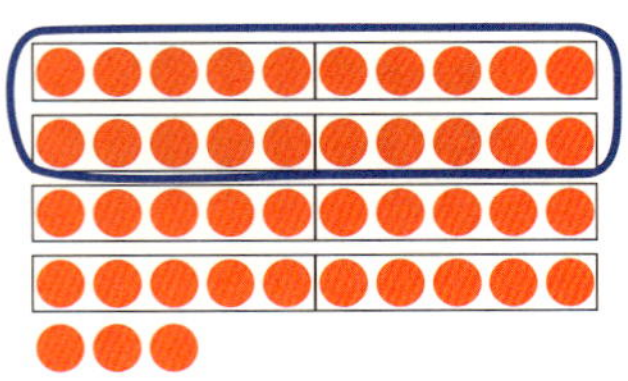

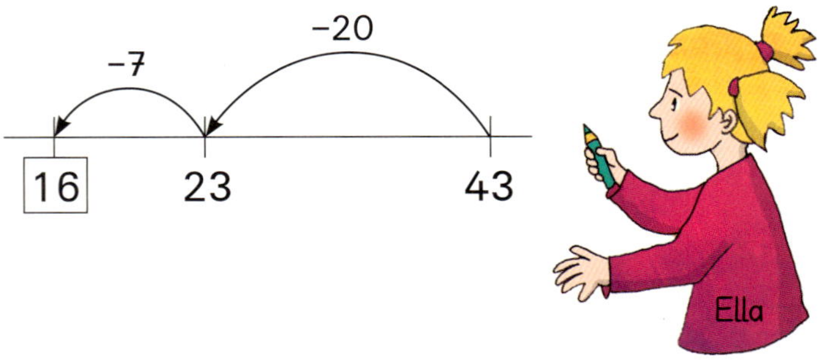

2 Zuerst die Einer weg.

64 − 48

B S. 54 →

Lege mit Zehnerstreifen und schreibe auf.

Einstieg: Verschiedene Rechenwege zu einer schwierigen Aufgabe finden, Rechenwege dokumentieren, dazu selbst Material auswählen. Rechenkonferenz. **1** Strategie „Zuerst die Zehner weg“ mit Zehnerstreifen und Wendeplättchen, Rechenstrich als Veranschaulichung anbieten. **2** Transfer auf die Strategie „Zuerst die Einer weg“.

1 Zurück bis zum Zehner.

52 – 33

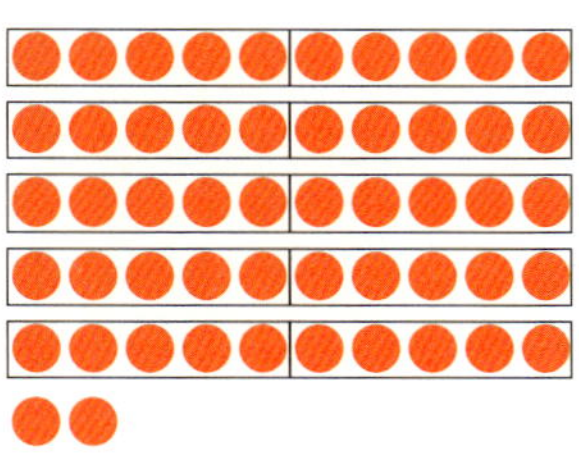

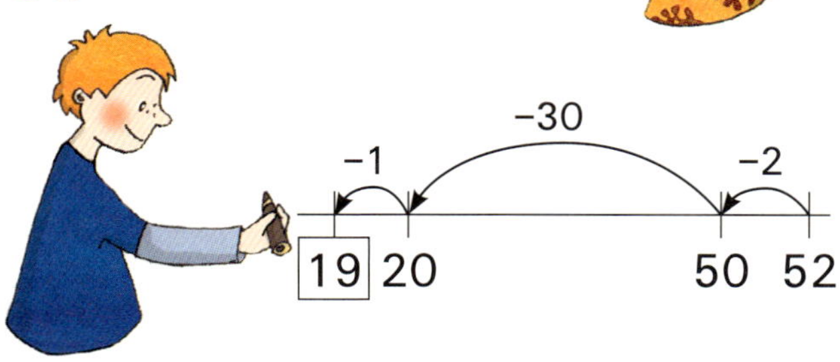

52 - 2 - 30 - 1 =

2 Ergänze.

41 – 39

39 + ▢ = 41

B S. 56 →
S. 17 →

1 Strategie „Zurück bis zur 10" mit Zehnerstreifen und Wendeplättchen und am Rechenstrich kennenlernen.
2 Ergänzen als Strategie erkennen und verwenden.
Abschließend: Rechenkonferenz zu verschiedenen Strategien.

Mit Längen rechnen – Aufgabenmuster

1

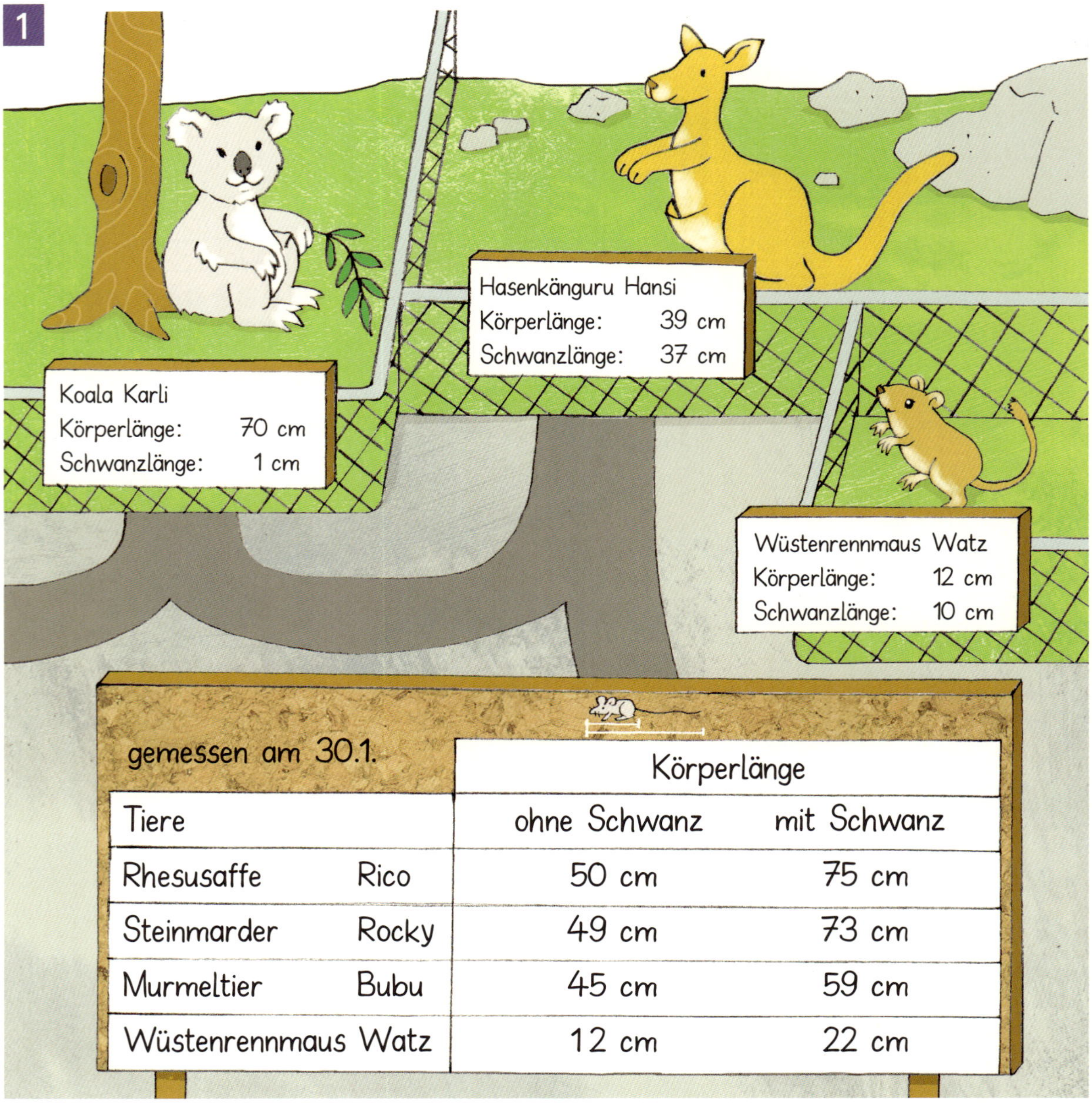

gemessen am 30.1.

Tiere		Körperlänge ohne Schwanz	Körperlänge mit Schwanz
Rhesusaffe	Rico	50 cm	75 cm
Steinmarder	Rocky	49 cm	73 cm
Murmeltier	Bubu	45 cm	59 cm
Wüstenrennmaus	Watz	12 cm	22 cm

2 Welches Tier hat den längsten Schwanz?
Kannst du ein Hasenkänguru in der richtigen Größe auf deinen Zeichenblock malen?
Stelle weitere Fragen und beantworte sie.

B S. 58 →

3 Aufgabenmuster. Schreibe die Regel auf.

10 + 25 = ☐
20 + 30 = ☐
30 + 35 = ☐
40 + 40 = ☐

1. Zahl: Immer + 10.
2. Zahl: Immer + 5.
Ergebnis: Immer

B S. 59 →

S. 8 →

1 Gesamtlängen und Schwanzlängen berechnen, Gründe für unterschiedliche Schwanzlängen sammeln.
2 Fragen sammeln, in Kleingruppen beantworten, Ergebnisse präsentieren. Größenvorstellungen aktivieren.
3 Aufgabenmuster erkennen, Regel notieren, fortsetzen. Eigene Aufgabenmuster entwickeln.

1

B S. 60 →

2 Untersuche mit dem Faltwinkel.

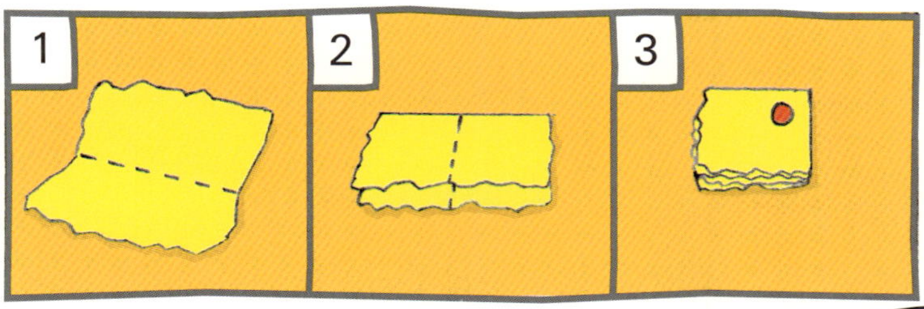

B S. 61 →

Beim Rechteck passt der Faltwinkel in alle 4 Ecken.

Einstieg: Geschichte zu Rechtecken erzählen (vgl. Lehrerleitfaden). Figuren nachfalten.
1 Im Bild Rechtecke und Quadrate als spezielle Rechtecke erkennen.
2 Nach Anleitung Faltwinkel erstellen und nach rechten Winkeln suchen.

1

1,50 € sind 1 Euro und 50 Cent.

a) Wie viel Euro kostet es?

b) Wie viel Geld bekommt Otto zurück?

1 Glas Saft: 1, 50 €
Otto gibt 2 Euro.
Wie viel Geld bekommt er zurück?
Otto bekommt 50 Cent zurück.

c) Frau Müller kauft 6 Kerzen. Sie gibt 10 Euro.
Wie viel Geld bekommt Frau Müller zurück?

B S. 62 →

d) Finde selbst Aufgaben und löse sie.

Einstieg: Trödelmarkt veranstalten, Preise festsetzen.
1 Preise mit Komma verstehen, lesen und schreiben. Preise und Rückgeld berechnen. Eigene Aufgaben stellen und lösen.

1

B S. 64 →

2 So haben alle Klassen der Schule bestellt.

a) Welche Klasse bestellt die meisten Getränke?

b) Welche Klasse bestellt am meisten Wasser?

c) Welche Klassen bestellen mehr Wasser als andere Getränke?

d) Wie hat deine Klasse bestellt? Vergleiche.

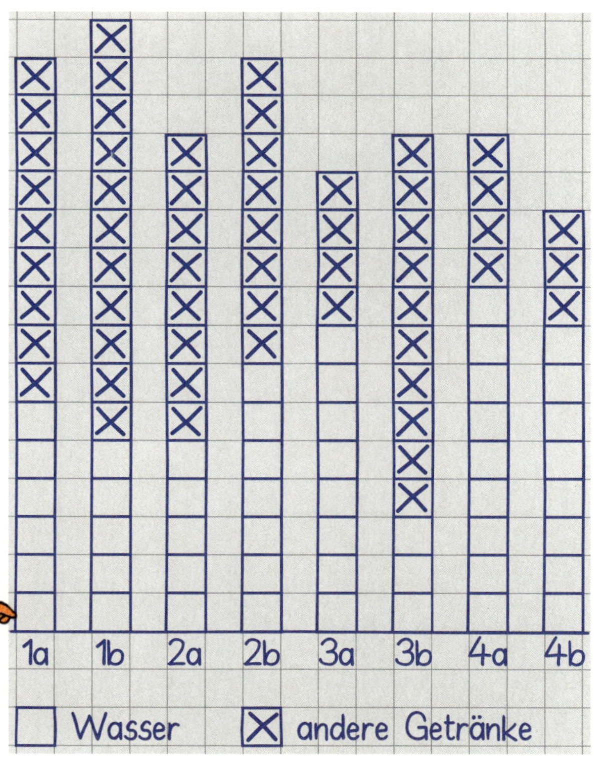

B S. 65 →
S. 14 →
S. 20 →

Einstieg: Gesamtpreis einer Bestellung mithilfe von Tabellen berechnen.
1 Daten aus Preisliste entnehmen, Tabellen anlegen und in Tabellen rechnen.
2 Diagramme interpretieren und erstellen, Fragen dazu diskutieren und beantworten.

Malnehmen – Tauschaufgaben

1

B S.66 →

2 Tauschaufgaben

$3 + 3 + 3 + 3 = 12$

$4 \cdot 3 = 12$

$4 + 4 + 4 = 12$

$3 \cdot 4 = 12$

B S.67 →

1·1 S.8 →

$4 \cdot 3 = 12$

$3 \cdot 4 = 12$

Tauschaufgaben haben dasselbe Ergebnis.

Einstieg: Malaufgaben in der Umgebung suchen.
1 Malaufgaben entdecken und berechnen.
2 Tauschaufgaben verstehen.

Einmaleinstafel – Einmaleins mit 2, 5 und 10

1

·	1	2	3	4	5	6	7	8	9	10
1	1	2	3	4	5	6	7	8	9	10
2	2	4	6	8	10	12	14	16	18	20
3	3	6	9	12	15	18	21	24	27	30
4	4	8	12	16	20	24	28	32	36	40
5	5	10	15	20	25	30	35	40	45	50
6	6	12	18	24	30	36	42	48	54	60
7	7	14	21	28	35	42	49	56	63	70
8	8	16	24	32	40	48	56	64	72	80
9	9	18	27	36	45	54	63	72	81	90
10	10	20	30	40	50	60	70	80	90	100

B S.68 →

2 Einmaleins mit 2, 5 und 10

Löse alle Aufgaben des Einmaleins mit 2, 5 und 10.
Erfinde Rechengeschichten zu 3 Aufgaben.

B S.69 →
1·1 S.14 →
S.22 →

Einstieg: Struktur der Einmaleinstafel entdecken (anhand Kopiervorlage).
1 Aufgaben zu eingekreisten Zahlen finden, darstellen und notieren.
2 Die Aufgaben zur Multiplikation mit 2, 5 und 10 auf verschiedenen Handlungsebenen erarbeiten.

Einmaleins mit 4 und 8

1 Wie viele Räder brauchst du für 1, 2, 3, 4, … Wagen?
Wie viele Räder brauchst du für 1, 2, 3, 4, … Loks?

Stelle selbst weitere Fragen und beantworte sie.

2

·	1	2	3	4	5	6	7	8	9	10
1	1	2	3	4	5	6	7	8	9	10
2	2	4	6	8	10	12	14	16	18	20
3	3	6	9		15					30
4	4	8		16	20					40
5	5	10	15	20	25	30	35	40	45	50
6	6	12			30	36				60
7	7	14			35		49			70
8	8	16			40			64		80
9	9	18			45				81	90
10	10	20	30	40	50	60	70	80	90	100

6 · 4

5 · 4 = 20
1 · 4 = 4
6 · 4 = 24

6 · 8

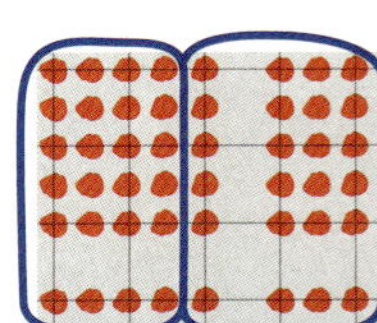

6 · 4 = 24
6 · 4 = 24
6 · 8 =

B S. 71 →

Löse alle Aufgaben des Einmaleins mit 4 und 8.
Wie löst du sie?

Einstieg: Anzahl der Räder einer Lok und eines Wagens bestimmen, Anzahl der Kugeln eines Vogels bestimmen.
1 Anzahl der Räder (bzw. Kugeln) für mehrere Loks und Wagen (bzw. Vögel) berechnen.
2 Einmaleins mit 4 und 8 von Kernaufgaben ableiten.

1 Wie viele Teelöffel Backpulver brauchst du für 1, 2, 3, 4, … Teige?
Wie viele Esslöffel Sahne brauchst du für 1, 2, 3, 4, … Beläge?
Wie viele Orangen brauchst du für 1, 2, 3, 4, … Teige?

Stelle selbst Fragen und beantworte sie.

2

·	1	2	3	4	5	6	7	8	9	10
1	1	2	3	4	5	6	7	8	9	10
2	2	4	6	8	10	12	14	16	18	20
3	3	6		12	15			24		30
4	4	8	12	16	20	24	28	32	36	40
5	5	10	15	20	25	30	35	40	45	50
6	6	12		24	30	36		48		60
7	7	14		28	35		49	56		70
8	8	16	24	32	40	48	56	64	72	80
9	9	18		36	45			72	81	90
10	10	20	30	40	50	60	70	80	90	100

4 · 3

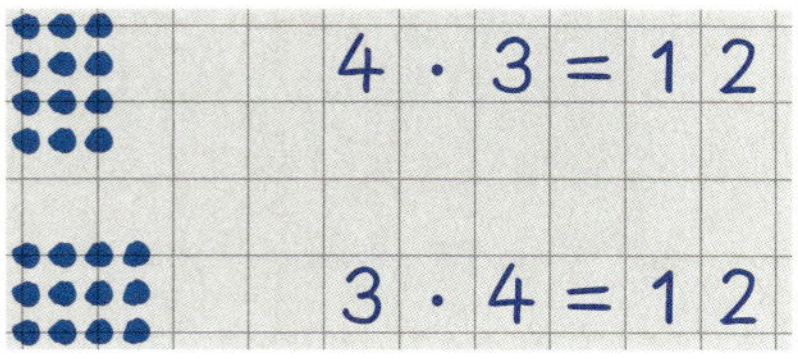

3 · 6

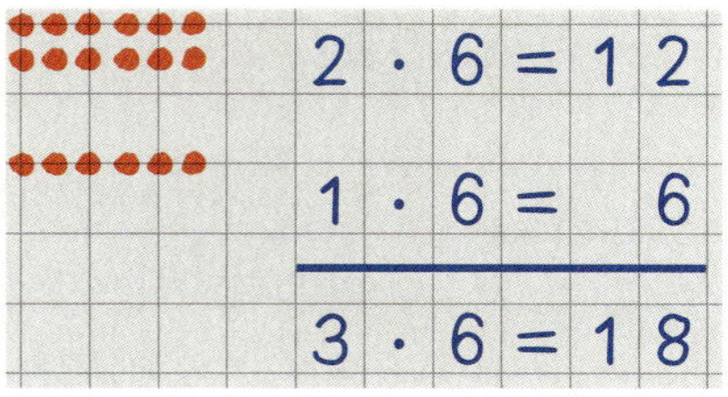

Löse alle Aufgaben des Einmaleins mit 3 und 6.
Wie löst du sie?

B S. 73 →

Einstieg: Gemeinsam Kuchen nach Rezept backen.
1 Zutatenmengen für mehrere Kuchen berechnen. Anhand der Sachsituation Malaufgaben mit 0 einführen.
2 Einmaleins mit 3 und 6 von Kernaufgaben ableiten.

Einmaleins mit 7 und 9

1

·	1	2	3	4	5	6	7	8	9	10
1	1	2	3	4	5	6	7	8	9	10
2	2	4	6	8	10	12	14	16	18	20
3	3	6	9	12	15	18	21	24	27	30
4	4	8	12	16	20	24	28	32	36	40
5	5	10	15	20	25	30	35	40	45	50
6	6	12	18	24	30	36	42	48	54	60
7	7	14	21	28	35	42	49	56		70
8	8	16	24	32	40	48	56	64	72	80
9	9	18	27	36	45	54		72	81	90
10	10	20	30	40	50	60	70	80	90	100

2

·	5	2	
5	25	10	35
7	35	14	49
	60	24	84

3 Entdeckeraufgaben zur Einmaleinstafel

a) Welches Ergebnis kommt am häufigsten in der Einmaleinstafel vor?

b) Welche Ergebnisse kommen nur einmal vor?
Was für Zahlen sind das?

c) In welchen Zeilen kommen nur gerade Zahlen vor?

d) In welchen Spalten kommen nur gerade Zahlen vor?

e) Stelle selbst Entdeckeraufgaben.

B S. 75 →

1·1 S. 18 →

1 Einmaleins mit 7 und 9 von Kernaufgaben ableiten. **2** Mal-Plus-Tabelle einführen.
3 Entdeckeraufgaben mit Partner oder in Kleingruppen bearbeiten.
Abschließend: Präsentation selbst gestellter Entdeckeraufgaben. Rechenkonferenz zur Einmaleinstafel.

1 Wie viele verschiedene Schlüssel gibt es?

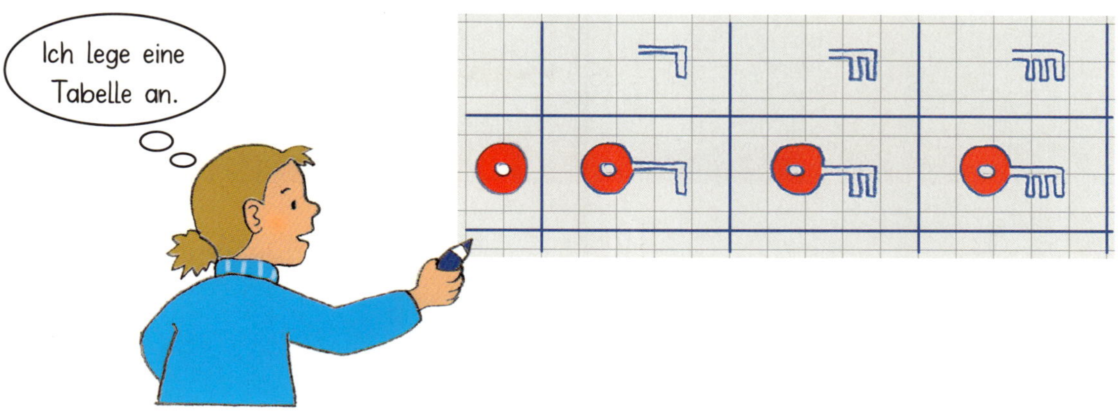

2 Wie kannst du das Schloss einstellen?

a) A als 1. Buchstabe:

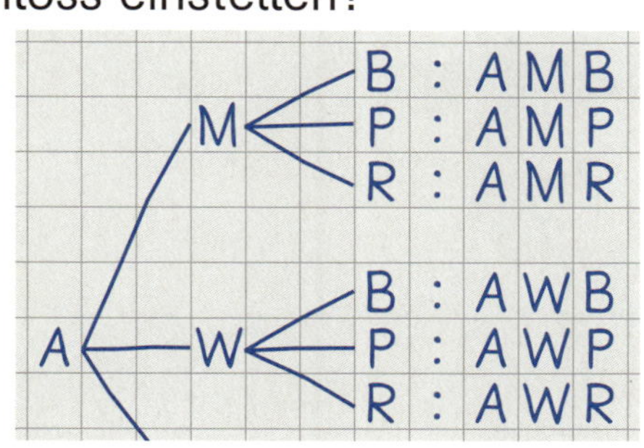

b) Zeichne ebenso: E als 1. Buchstabe I als 1. Buchstabe

B S. 77 →

S. 24 →

Einstieg: Märchen vom Drachen erzählen (vgl. Lehrerleitfaden).
1 Mithilfe einer Tabelle alle Kombinationsmöglichkeiten finden.
2 Mithilfe eines Baumdiagrammes systematisch alle verschiedenen Möglichkeiten finden.

Die Uhr

1

2 Schreibe immer 2 Uhrzeiten.

8. 15 Uhr

20. 15 Uhr

Einstieg: Uhrenausstellung gestalten, Zeitanzeigen vergleichen.
1 Wichtige Zeitspannen bis 60 Minuten kennen lernen: Ausdrücke halbe, Viertel- und Dreiviertelstunde benutzen.
2 Zeit auf 5 Minuten genau ablesen, dazu 2 Uhrzeiten notieren. Digitalanzeige besprechen.

1 h = 60 min
1 Stunde hat 60 Minuten.

1 Schließe für eine Sekunde deine Augen.
Schließe für eine Minute deine Augen.

2 Wie lange dauert das Schwimmtraining?

Beginn

14 Uhr

2 h

Ende

16 Uhr

Rechne ebenso: 16 Uhr → 19 Uhr   19 Uhr → 21 Uhr

B S. 79 →
S. 20 →

Einstieg: Situationen zu verschiedenen Zeitspannen malen und eine Ausstellung gestalten.
1 Minute und Sekunde erfahren.
2 Zeitspannen berechnen (volle Stunden).

Aufteilen

1

Anzahl der Zahnstocher	3er-Bündel
6	2
12	4
9	3
5	

Anzahl der Zahnstocher	4er-Bündel
16	4
12	
8	
11	

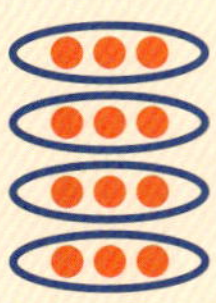

12 : 3 = 4
12 geteilt durch 3 ist gleich 4

2 Teile auf.

Immer 4 zusammen.

 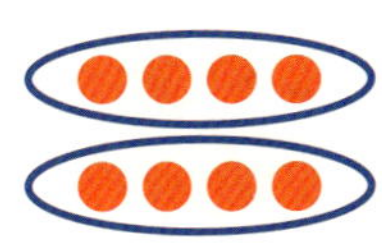

8 : 4 = 2
2 · 4 = 8

Immer 5 zusammen.

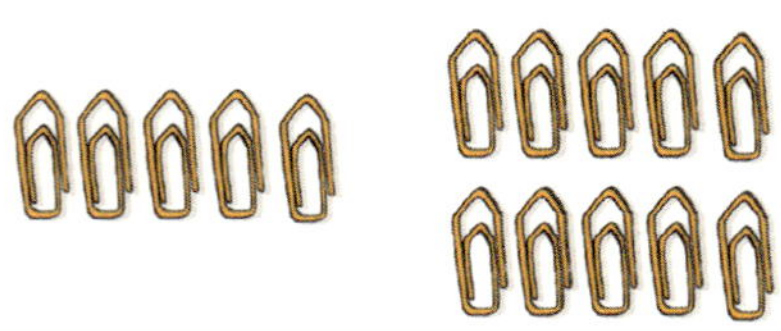 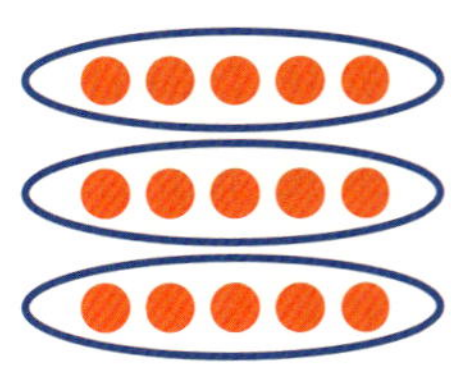

15 : 5 = ☐
3 · 5 = ☐

Immer 3 zusammen.

B S.82 →

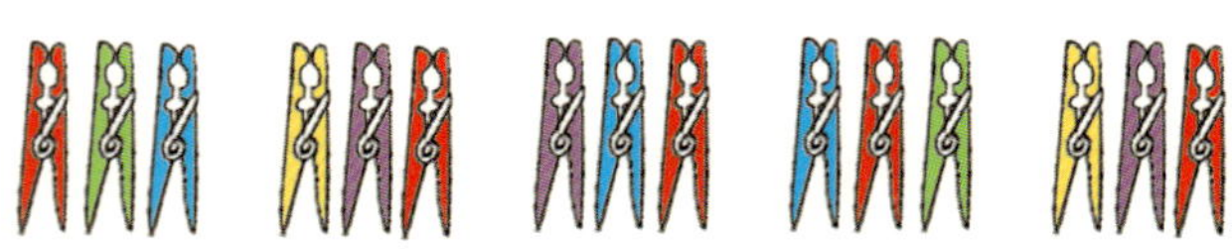 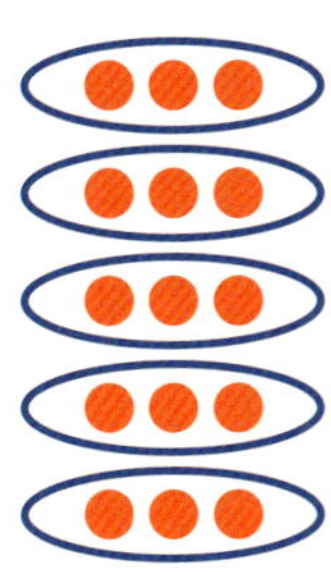

15 : 3 = ☐
5 · 3 = ☐

15 : 3 = 5
ist die Umkehraufgabe von
5 · 3 = 15

Einstieg: Zahnstocher bündeln, Ergebnisse auf Plakat notieren. **1** Division als Aufteilen kennen lernen. Schreib- und Sprechweise für Division ohne Rest einführen. **2** Gegenstände bündeln, mit Plättchen darstellen. Vorstellung der Division mit Multiplikation durch Umkehraufgabe verbinden.

1

2 Verteile 15 ● an 5 .

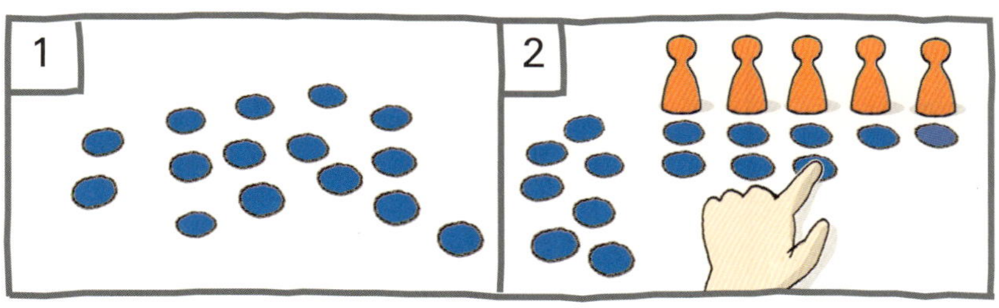

15 : 5 = ☐

Probe:
5 · ☐ = 15

Jeder bekommt 3 ●.

Verteile ebenso 18 ● an 6 , 45 ● an 5 und 24 ● an 4 .

3 Verteile 14 ● an 3 .

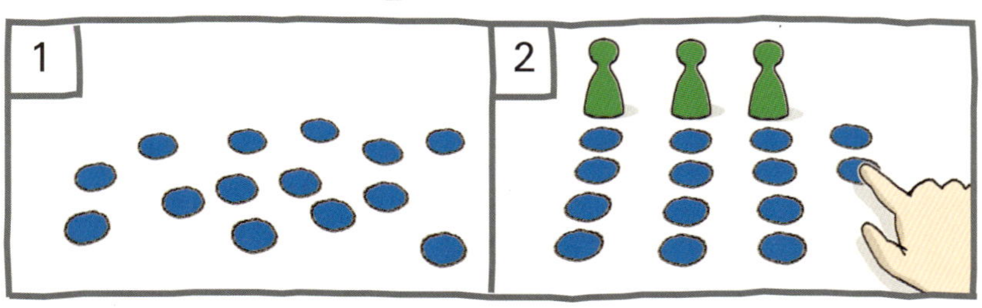

Jeder bekommt 4 ●. 2 ● bleiben übrig.

B S. 84 →
1·1 S. 24 →
S. 27 →

Einstieg: Blumen basteln, dabei Verteilprozess bewusst machen.
1 Division als Prozess des Verteilens kennen lernen. **2** Divisionsaufgaben durch Verteilen handelnd lösen. Umkehraufgabe als Probe rechnen. **3** Handelnd erleben, dass bei einigen Divisionsaufgaben ein Rest bleibt.

Gerade und ungerade Zahlen – Teilen mit Rest

1

B S. 86 →

2 **a)** Teile durch 2.

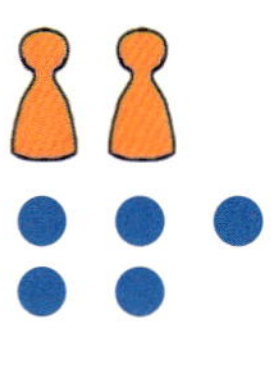

5 : 2 = 2 Rest 1,
denn 2 · 2 + 1 = 5.

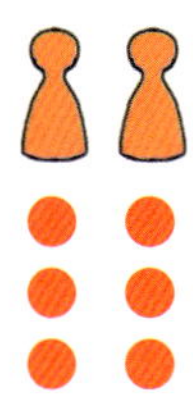

6 : 2 = 3,
denn 2 · 3 = 6.

7 : 2 = 3 Rest 1,
denn 2 · 3 + 1 = 7.

Kannst du mehr gerade oder mehr ungerade Zahlen ohne Rest durch 2 teilen?

B S. 87 →

b) Teile durch 3.
Wann bleibt ein Rest?

Einstieg: Zu je einer Spalte der Hundertertafel Zahlen aufkleben, dazu Zerlegung in 2 gleiche Zahlen bzw. Nachbarzahlen notieren (Kopiervorlage). **1** Entdeckungen sammeln und besprechen.
2 Handlungsorientierte Einführung der Division mit Rest. Bezug zur Umkehraufgabe herstellen.

1

Dienstag, 23. Juni 2009.
Ein Datum gibt den Tag, den Monat und das Jahr an.

B S. 88 →

2

Zeit	**Mo**ntag	**Di**enstag	**Mi**ttwoch	**Do**nnerstag	**Fr**eitag
8.00 bis 8.45	Sport	X	X	Sport	X
8.50 bis 9.35	X	X	X	Sport	X
9.35 bis 10.05	P	A	U	S	E
10.05 bis 10.50	X	X	X	X	X
10.55 bis 11.40	X	X	Religion	X	Religion
11.40 bis 12.00	L	E	S	E	N
12.00 bis 13.00		X	Theater	X	

a) Wie lange dauern die Schultage von Ina?

Montag: 8. 00 Uhr bis 11. 40 Uhr
Der Schultag dauert 3 h 40 min.

b) Wie lange dauert die große Pause?

c) Wie lange dauert der Sportunterricht insgesamt?

d) Finde Aufgaben zu deinem Stundenplan.

B S. 90 →

Einstieg: Aktuelles Datum und Daten von Geburtstagen im Kalender suchen, vollständiges Datum notieren.
1 Im Kalender orientieren, Daten entnehmen und notieren.
2 Stundenplan lesen, Zeitspannen berechnen.

Aufgabenfamilien – Sachaufgaben

1

2 Zu welcher Aufgabenfamilie passt diese Rechengeschichte?

Es gibt 4 Kuchen. Auf jedem Kuchen sind 6 Kirschen.
Auf einen Kuchen werden 6 Kirschen gelegt. Es gibt 4 Kuchen.
Es gibt 24 Kirschen. Jeweils 6 werden auf einen Kuchen gelegt.
24 Kirschen werden gerecht auf 4 Kuchen verteilt.

Erfinde selbst eine Rechengeschichte zu einer Aufgabenfamilie.

B S. 91 →

3

B S. 92 →
1·1 S. 30 →
S. 29 →

Einstieg: Aufgabenfamilien zur Multiplikation und Division suchen.
1 Strategien sammeln, Aufgabenfamilien zu finden. **2** Rechengeschichten zu Aufgabenfamilien erfinden und interpretieren. **3** Sinnvolle Rechenaufgaben zu Sachtexten stellen.

1

B S. 93 →

2 Welche Rechenwege findet ihr?
Welcher Weg ist geschickt?

Überlegt auch: 74 – 38   51 – 29   91 – 88   62 – 37   100 – 49

B S. 94 →

Einstieg: Rechenwege zu einer Aufgabe dokumentieren, in Partnerarbeit bewerten, Ergebnisse in der Klasse vorstellen.
1, 2 Rechenwege nachvollziehen, überprüfen, ergänzen, bewerten.

1 Stelle selbst Aufgaben.

2

B S. 95 →
S. 26 →
S. 31 →

Einstieg: Bild besprechen (Kopiervorlage), eigene Aufgaben stellen und lösen.
1 Zum Bild Aufgaben stellen, lösen und beantworten. Skizzen für Lösungen verwenden.
2 Rechenkonferenz: Lösungen besprechen.